目录 CONTENTS

纸蔷薇的绕线首饰基础教程

纸蔷薇 著　黑猫 摄

纸蔷薇 著　黑猫 摄

同济大学出版社
TONGJI UNIVERSITY PRESS

中国　上海

特蕾莎

阿卡珊瑚蕾丝毛衣链

月光石吊坠

红纹石古风发钗

案例教程

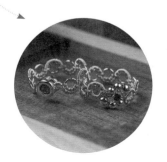

马贝珍珠绕线麻花吊坠

纸蔷薇的绕线世界

约瑟芬

2015 年某天，彼时我还是一枚"社畜"，办公室午休时间刷豆瓣网，看到一条关于衍纸的广播，里面寥寥几张图，却突然触动了我的某根神经，当时惊叹于一张纸竟然可以做出这么美的造型，于是展开了搜索，网络上从原材料到教程应有尽有。而我当然是要试试的，可这一试手就进入了一个手作世界。由衍纸开始，我发现了当时的手作平台，接着结识了许许多多手作人朋友，见识到各式各样的品类和工艺，衍纸、串珠、编织、羊毛毡……简直要看花了眼！当时每天按部就班的工作忙碌而枯燥，而手作给我一种前所未有的新鲜感和活力，只要每天下班回家能做几个小时手作，就能感觉自己整个人充满能量。

渐渐地，我从衍纸换"坑"，开始玩羊毛毡、皮具、藤编、木工、刺绣等，从中也发现很多品类的技能是相通的。开始尝试绕线的时候就很兴奋，想到以后自己无论要什么首饰，都可以自己设计、自己动手做出来，这份独一无二的自我成就，真是一种巨大的满足感。

做手作的灵感与创作的冲动与日俱增。经常是在准备睡觉的时候突然想到一些图案，虽然心痒难耐，但考虑到第二天还有工作，只能逼迫自己先休息。偶尔也会任性一下，熬夜通宵做手作，但隔天的工作状态就非常受影响。时间久了，我开始反思自己的状态：是不是可以辞职，做一名职业的手作人。事实上，这个时候我已经开始做一些线上的收费教程来维持手作的收支平衡，我很早就明白爱好需要有收入才能持续好好地爱下去。有了辞职想法以后，我开始做更多功课，仔细考虑从事哪个品类，如何做好收支平衡，手艺人要怎么养活自己。毕竟面对生活的琐碎，没有一份长期能供温饱的收入，什么都是空谈。

虽然有很多思想准备，也从自己的手作收支明细得出绕线的净收入最高，是可以考虑作为赖以为生的手作品类，但实际上，2016 年 4 月辞职以后，我还是迷茫了一小段时间。那时我每天都在做东西，纸艺、毛毡、绕线什么都在做，大量练习，不断尝试，还是感觉自己有一个瓶颈难以突破。但我决定要坚持下去，每天更新一点，每天都有产出，也许某天就可以从量变到质变吧，这也算是我作为一个职业手作人的小小决心。

约瑟芬

2016 年圣诞节，公众号"纸蔷薇"诞生了，我开始周更图文教程，一开始不仅仅有绕线，还有纸艺和毛毡的教程。

2017 年 4 月之后，我不再更新纸艺和毛毡的教程，专注进入绕线首饰领域。这个过程可能是因为绕线受到的关注度最高，身边的消费群体大多是女孩子，大家对漂亮的首饰都无法抗拒。在选择了绕线以后，我发觉这很适合我，也越来越喜爱沉迷，并逐渐找到自己的风格。

用绕线做首饰其实是最古老的珠宝首饰制作技法之一。一些用线做成的螺旋形珠宝部件被发现于苏美尔的古墓中，大英博物馆也藏有来自苏美尔王朝时期的绕线珠宝。而现代绕线首饰（Wire Jewelry）起源于欧美国家，也称为线艺首饰或绕丝首饰，是将金属线材缠绕、造型、固定制作而成的首饰。绕线首饰在 2013 年左右进入国内，最初手作人多参照欧美风格做铜线绕线饰品，而后在小范围流行绕线字母饰品、绕线巴洛克珍珠饰品。我进入绕线圈时，是国内绕线首饰刚刚起步的阶段，近几年，有更多的手作人进入其中，他们尝试使用不同线材，创作不同主题。国内绕线首饰技术正逐渐纯熟，不同绕线手作人开始形成各自的风格和特点。

我主要选择 14K 包金线进行创作，注重线材和配件组合的结构变化，基本不使用焊接等热加工处理。所以我的教程入门非常简单，只需要几把钳子、一些线材和石头，就能做出独一无二的手作首饰。这本书的主要目的是普及绕线首饰的工艺和知识，近几年手工艺逐渐获得重视，但仍需要时间来加深并提升大众对手工艺术首饰的了解和认同。希望这本书能给手工艺术首饰推广做出一点小小的贡献。

进入手作圈可能是一种偶然，但是坚持做手作却成为一种必然。祝大家玩得愉快。

* 特别鸣谢米娅品牌的工具及材料资讯提供

绕线的材料和工具

○1 工具

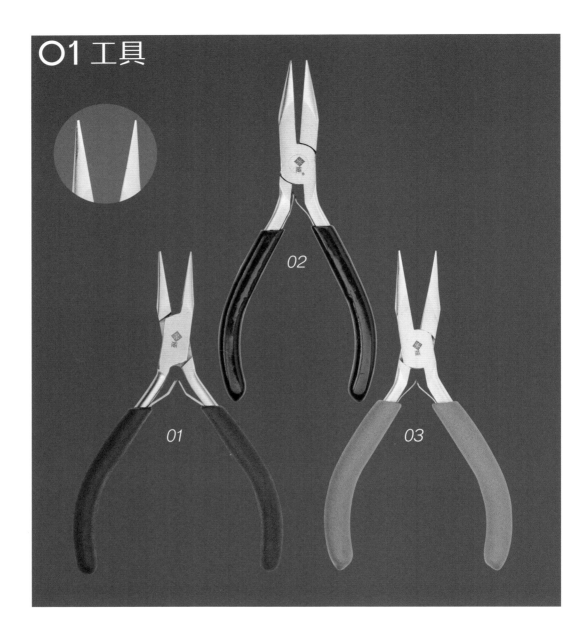

尖嘴钳

用来夹持及折弯线材。有些钳子尖嘴很尖，有些则是平头，一般来说尖嘴越尖越好用。尽量选择进口钢材的尖嘴钳，夹持更有力度。**黑色磨砂手柄**（01）：进口钢材，夹持力度好，手柄摩擦力好，价格稍贵。**黑色手柄及棕色磨砂手柄**（02、03）：国产钢材，物美价廉，对于刚入门的新手是很好的选择。

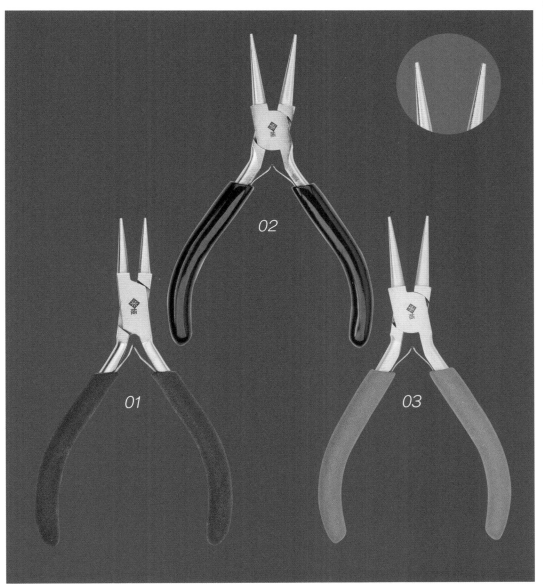

圆嘴钳

用来做圆形、曲线的造型以及 9 字收尾等。不同品牌的圆嘴钳圆嘴尺寸不一样，小圆嘴的操作更精细。**黑色磨砂手柄（01）**：进口钢材，圆嘴稍微短粗一点儿，价格稍贵。**黑色手柄及棕色磨砂手柄（02、03）**：国产钢材，圆嘴位置细长，夹持力度稍弱，但是物美价廉，适合新手。

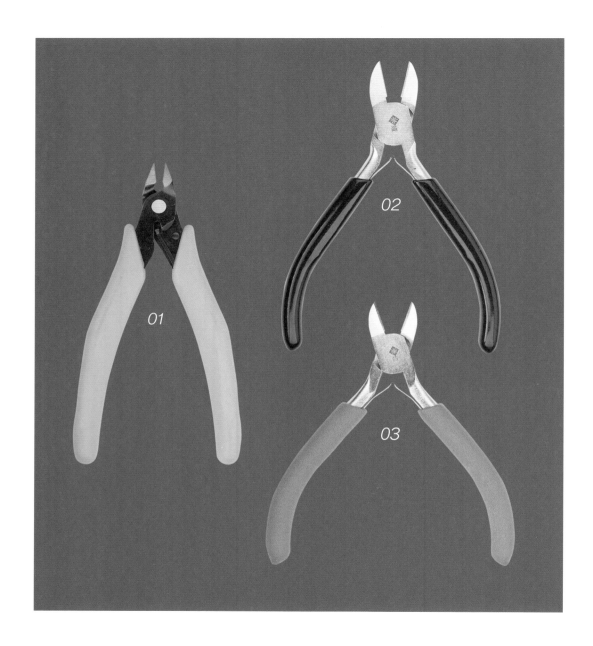

剪钳

用来剪断线材。属于消耗品,用一段时间后钳口会变钝。剪钳的钳口越尖越容易损伤,使用时要小心。**蓝色手柄**(01):日本进口钢材,钳口尖锐,适合精细操作,注意保护尖头。避免钳口崩裂。**黑色手柄及棕色磨砂手柄**(02、03):国产钢材,钳口略钝,剪粗线时比较好用。

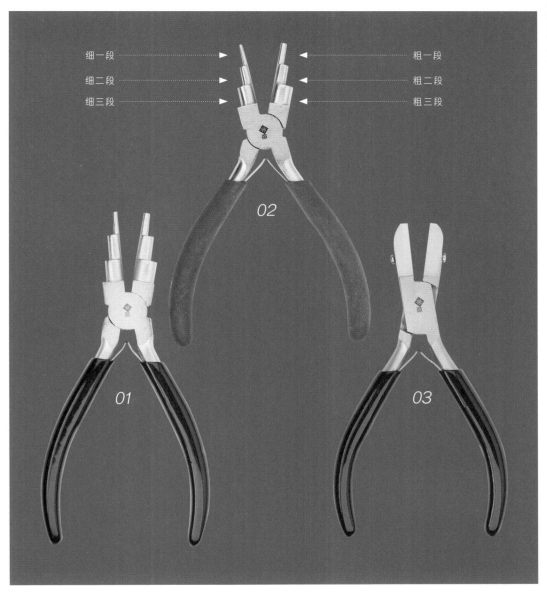

细一段 ▶   ◀ 粗一段
细二段 ▶   ◀ 粗二段
细三段 ▶   ◀ 粗三段

02

01

03

六段钳（01、02）

相比圆嘴钳,六段钳有多种大小的段位(细一段、细二段、细三段、粗一段、粗二段、粗三段）,可以做出固定尺寸的圆形。

尼龙钳（03）

尼龙钳夹持线材不会留夹痕,可用来捋直线材。属于损耗品,建议购买时多配一对尼龙头。

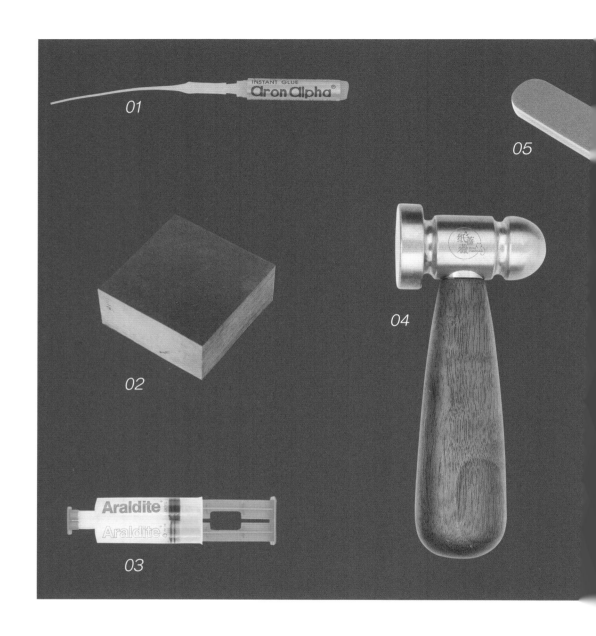

01 阿隆发胶水：速干型珠宝胶。一般用来粘珍珠，要控制用量，胶量过多会留胶痕，胶痕发白影响作品美观。　02 铁砧：配合锤子砸扁线材，扁线和圆线的复合使用可以使作品更有层次感。　03 爱牢达针管AB 珠宝胶：快干型珠宝胶，干透需要等待 24 小时。适合粘接不同材质，胶水干透后是透明的，不影响作品美观。　04 锤子：用于砸扁线材，扁线和圆线的复合使用可以使作品更有层次感。

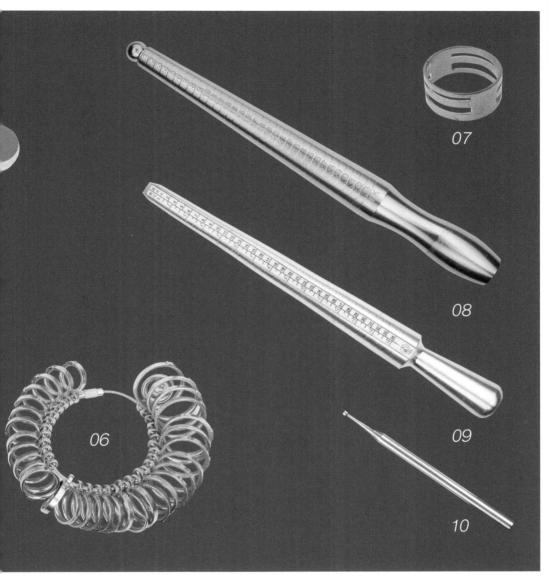

07

08

09

06

10

05 **抛光条**: 白色一面用来抛光, 绿色一面用来打磨。包金线材如果没有砸扁通常不需要打磨。 *06* **戒指圈**: 用来确定手指圈圈的尺寸。 *07* **黄铜戒指环**: 用来打开开口圈。可以备一个, 养成习惯, 不伤手。 *08-09* **戒指棒**: 做戒指时用来确定戒指的尺寸。 *10* **线头打磨器**: 剪钳剪断的线材会有尖利的线头, 做一体式耳钉、耳钩时需要磨圆线头, 避免戳伤皮肤。一般有几个型号用来磨粗细不同的线, 可以每个型号备一个。

O2 线材

纯铜线

纯铜线是没有镀膜层的铜线,线材软,价格亲民,非常合适新手练手。颜色有银色、古铜色、金色等。常见品牌有米娅的普通艺术铜线。

左图:米娅的普通艺术铜线

镀膜铜线

镀膜铜线是深受欧美绕线爱好者喜爱的线材。在铜线外层镀有一层薄膜,保护线材不易被氧化。未损伤的镀膜铜线保色时间较长,但在实际操作中,钳子的夹持容易损伤镀膜,致其氧化。镀膜铜线线材软,易造型,合适新手练手。常见品牌有:①米娅的镀膜高级艺术铜线,是国产的优质镀膜铜线,镀膜色泽好,物美价廉;② Artistic Wire 进口镀膜铜线,俗称 A 线,A 线的金线颜色比较好看,通常推荐选购 A 线的金色镀膜线;③ Beadsmith 进口镀膜铜线,俗称 B 线,B 线的银色做得比较亮,可以选购 B 线的银色镀膜线。

左图:A 线和 B 线

纯银线

S999 纯银线是指含银量达 99.9% 的银线,S925 纯银线是指含银量达 92.5% 的银线。含银量越高,线材越软,新手想提升线材质量时可以选择纯银线。纯银线长期暴露存放容易氧化,用洗银水清洗后可恢复如新;也可以利用自然氧化状态,抛光打磨出复古银的质感。

左图:S999 纯银线

美国进口 14K 包金线

14K 包金，又称为 14K 注金，目前只有美国的大工厂能生产。14K 包金是将 14K 金在高温高压下锻压在铜上，与铜永久结合，其表面硬度较强，耐磨度较高，保色持久。美国进口 14K 包金线的内胎还是铜线，如果外层受暴力磨损或使用不当，也会出现氧化。

美国进口 14K 包金线是目前绕线的线材中比较昂贵的，但其成品效果更好，本书教程中全部使用美国进口 14K 包金线。因为价格相对偏贵，建议新手提高技术之后再选用此类线材。

包金线分为软线和半硬线。软线较软，合适新手，用起来手感更为舒服，在操作时还有机会捋直重来。半硬线线材硬挺，合适做外框，或一些棱角分明的造型。但半硬线弯折后难以恢复原状，而且线材回弹力大，用其造型时需多加练习。软线已经用得熟练的同学可以选择半硬线，造型会更加挺括。

包金线表面有光面和批花线两种，批花线自带纹理，根据需要选择。

上图: 美国进口 14K 包金线

*TIPS

线材尺寸如何选择？

0.25mm
最常用的细线，用量大，建议半卷（半盎司）起买。包金线建议买软线，这个尺寸的包金线半硬线比较鸡肋，能用的地方很少。纯铜线还有 0.2mm 的规格，太细不易操作，不建议使用。

0.33mm
用得不多，除一些特定款式外很少用到。单线圈戒臂需要加粗时，可以缠绕一圈使之更稳定。镀膜线最细可以选择 0.33mm。

0.41mm
主要用来做 6mm 以下珠子的 8 字连接扣，7mm 以上的珠子建议用更粗的线。包金线的半硬线可以用来夹镶 5mm×7mm 以下的小石头。

0.51mm
可以用来做外框，效果比较精致。包金线的半硬线可以用来夹镶 6mm×8mm 以下的石头。

0.64mm
最常用的主线尺寸，是适合大多数造型的万能线。包金线的半硬线可以用来夹镶常见尺寸的石头，还合适做一体式的耳针、耳钩等。

0.81mm
也是很常用的主线尺寸，多用来夹镶超过2cm×2cm 的石头，比较结实。

1.0mm 及以上的线材
根据实际情况及款式需要选择，本书没有涉及，同学们可以自行尝试。

O3 配件

开口圈、闭口圈

开口圈、闭口圈主要用来连接各个部件,不同尺寸的圈有不同粗细的线粗,可根据需要选择。
圆形的开口圈、闭口圈是最常用的,也有椭圆形、方形、三角形和异形圈。

*TIPS

开口圈、闭口圈尺寸如何选择?
线材越粗,连接越稳定,适合垂直方向和大部件的连接。线材越细,越容易隐藏,适合水平方向和小部件的连接。

开口圈常用尺寸
(线粗 × 圈直径)

0.50mm×3mm
0.50mm×4mm
0.64mm×3mm

闭口圈常用尺寸(圈直径)

2mm—3mm
一般选 0.50mm 的线粗,多用来连接吊坠瓜子扣。

4mm—5mm
一般选 0.64mm 的线粗,可以做手链、项链的收尾圈,
或者压镶 2.5mm—4mm 的小石头。

6mm
一般选 0.76mm 的线粗,多用来压镶小石头,或者划

线盘包 5.5mm—6mm 的刻面石头。

7mm—10mm
线粗的选择比较多,多用来压镶石头。包金材质可
以考虑麻花闭口圈,银线圈可以根据需要自行焊接。

11mm—14mm
用得不多,多用来压镶大颗粒的石头。

14mm 以上
可以用来做戒指的戒臂。

散链

散链有不同的种类，图上从右至左分别是：圆 O 链、链锚链（也称 8 字链）、滚链、闪 O 链、嘴唇亮片链、珠珠链（最上方三条），不同尺寸、不同种类的散链有不同的效果和用处。

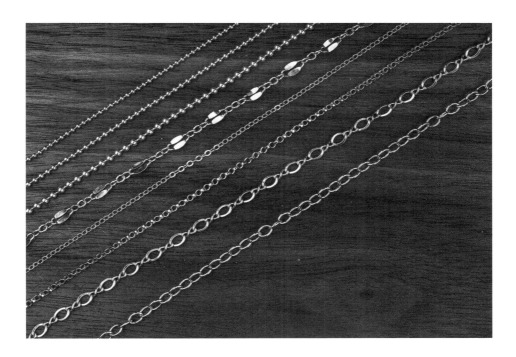

*TIPS

常用的散链种类及尺寸

2.32mm 圆 O 链
主要用来做延长链。

2.2mm 链锚链
项链、手链、延长链都可以用。

1.1mm 滚链
常用来划线盘包石头，还有 1.3mm、1.5mm 可供选择。

1.32mm 闪 O 链
常用来做项链、流苏装饰等。

嘴唇亮片链
结构好看，层次感强，合适做项链和手链。

1.0mm、1.2mm、1.5mm 珠珠链
常用来做夹镶的围边装饰。

散链的尺寸和种类很多，这里只是举出了常用的一些，同学们可以根据喜好和需要选择。

小圆珠

有亮面珠和磨砂珠两种。直径 2mm、2.5mm、3mm 的小圆珠比较常用，多用来点缀和填充空隙。4mm、5mm 的小圆珠不太常用，可以备少量，作为搭配增加作品层次，串珠时也可用作隔珠。

弹簧扣

最常用的项链连接扣之一，有 5mm 和 5.5mm 两种尺寸，尺寸越大越结实，但也要与手链或项链的粗细相协调。

龙虾扣

最常用的项链连接扣之一，分大、中、小号，比弹簧扣更结实，但尺寸较大，适合比较粗的手链和项链。

瓜子扣

分大、中、小号，根据饰品大小选择合适尺寸。

耳钉、耳堵、耳钩

球形耳钉（带开口圈）
球有 3mm—6mm 的尺寸，球越大佩戴效果越明显。

耳堵
常用中号 4.3mm×5.1mm，还可以选择硅胶耳堵。

耳钩
耳钩款式很多，可根据需要自行选择。

9 针、T 针、珠针

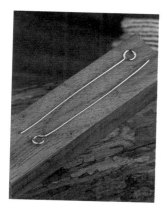

9 针
可以自制，也可以用成品配件。一般建议自制，长度和线粗可以根据需要调整。

T 针
难以自制，常用于连接通孔珠，做延长链的尾端、耳坠或吊坠时使用。不同长度和线材粗细可以多备几种，根据需要选择。

球针
难以自制，常用于连接通孔珠，做延长链的尾端、耳坠或吊坠时使用。不同长度和线材粗细可以多备几种，根据需要选择。

○4 石头和珍珠

石头

素面石头

平底光面的石头,合适夹镶、压镶。

刻面石头

有切割面的石头,合适爪镶、夹镶、划线盘。通常为了呈现火彩,尖底的刻面石头较多,也会用到刻面平底石头。

圆珠

有通孔珠,也有半孔珠。6mm以上的半孔珠可以直接做吊坠,6mm以下的通孔珠多作为配珠点缀。

常用的石头形状有正圆、椭圆、水滴、方形(枕形)等。

正圆形

椭圆形

水滴形

方形(枕形)

珍珠

正圆珠、近圆珠

由于养殖方式不同,一般海水珍珠更接近正圆,但价格略高,淡水珍珠近圆珠较多,性价比高。单颗粒珍珠多用于做耳坠、吊坠、胸针等,串链可以做项链和手链。淡水珍珠常见的颜色有白色、橘粉色、紫色。一般 6mm 以下的珍珠多作为配珠点缀,6mm 以上的珍珠可以直接做吊坠。

巴洛克珍珠

不规则形状的珍珠,大颗的巴洛克珍珠可以直接做吊坠,小颗的可以做耳坠。图左边是极光淡水巴洛克,右边是普通巴洛克。

水滴珠

形状如水滴的珍珠,常用于做耳坠和吊坠。

人造珍珠

天然珍珠的价格较贵,而且颗粒越小越贵,新手可以考虑用人造珍珠。米娅人造珍珠性价比高,正圆无暇,珠光很好,最小有 2mm 的尺寸,还有多种颜色可以选择。

馒头珠

一半圆一半平底,看起来像馒头的珍珠。

配件的制作和应用

◯1 开口圈

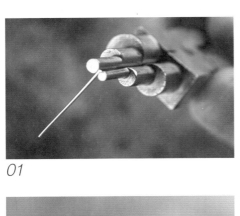

01

02

03

04

05

01 用圆嘴钳或六段钳夹住线头

02 线材紧贴钳口弯折一圈，在过程中适当旋转钳子，调整线材使之围绕钳口一整圈

03 用剪钳剪掉多余线材，注意剪钳平口向上

04 利用黄铜戒指环前后错位打开开口圈。注意不是左右拉开，左右拉容易变形

05 套上配件，再前后错位闭合开口圈

O2 9针

开口 9 针

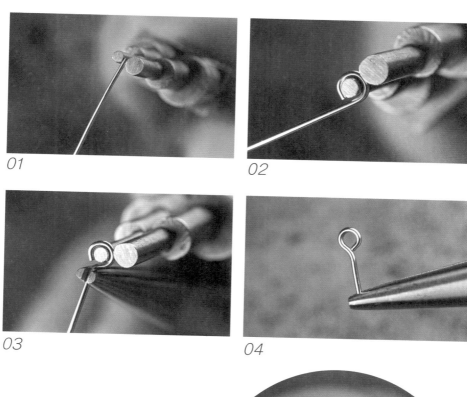

01

02

03

04

01 用圆嘴钳或六段钳夹住线头

02 线材紧贴钳口弯折一圈

03 用尖嘴钳折出角度

04 稍微捏紧圈口

05 可以调整针的长度，粘半孔
   珍珠或做活口的吊坠

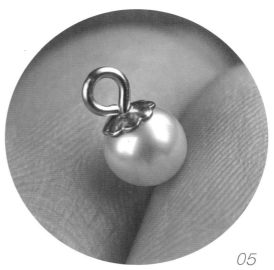

05

闭口 9 针

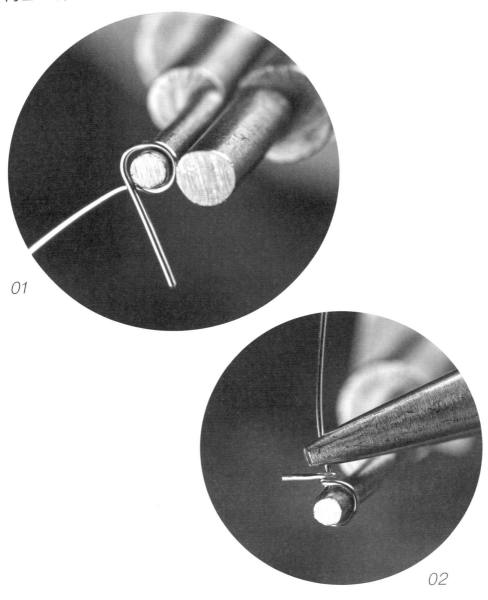

01

02

01 用圆嘴钳或六段钳夹住线材前段,将短的
   一段紧贴钳口弯折一圈

02 线头在长的一段上缠绕 1—2 圈,剪掉余线

*TIPS

制作珠链

粗线（0.64mm 以上的线）串连的珠链可以用开口 9 针连接，细线（0.51mm 以下的线）串连的珠链需要用闭口 9 针连接。

01 先做一个开口 9 针

02 穿一颗珍珠

03 余线向一边折

04 剪成合适长度，用圆嘴钳弯出 9 字收尾

05 多做几个串连起来

06 底部加上配件装饰，可以做成耳环

07 多颗串连，可以做成手链或项链

03 8字连接扣

01

02

03

04

05

06

07

01 取一根 10cm 左右的 0.41mm 线（软硬皆可），
用圆嘴钳弯一个小 U 形

02 用尖嘴钳夹一下小 U 形的尾巴，使其两根尾线
并行

03 长线留出与短线等长的一段，向右端弯折

04 再借助圆嘴钳做一个圆

05 两端圆圈套入需要连接的配件

06-07 尾线缠绕在两根平行线上，剪掉余线，完成

O4 耳钩

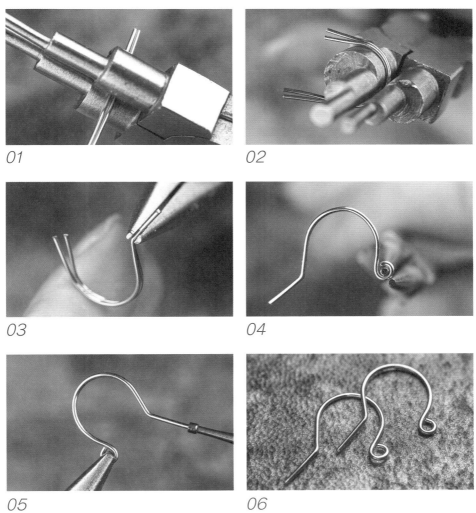

01

02

03

04

05

06

01 取两根 0.64mm 以上的硬线，用六段钳粗
三段夹住线材，双线一起操作

02 线材紧贴钳口弯折一个大 U 形

03 长的一头用尖嘴钳折角

04 短的一头用圆嘴钳 9 字收尾

05 用线头打磨器把线头磨圆润

06 耳钩的款式很多，同学们可以自由发挥

基础技法

○1 0 字绕

细线在主线上缠绕，像在画 0 字的绕法。细线收尾时，在主线上绕紧后剪掉余线即可。

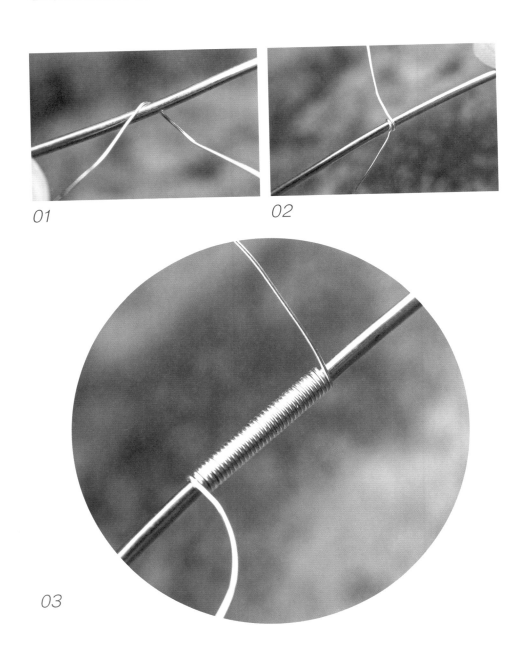

01

02

03

O2 8 字绕

细线在两根主线之间交叉缠绕,在每根主线上做 0 字绕, 中间交叉像在画 8 字的绕法。

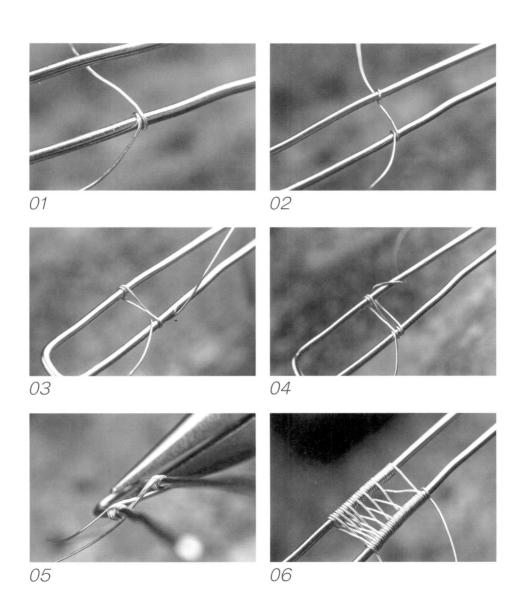

01

02

03

04

05

06

O3 N+X

两根主线并排放置，细线在主线上按 N+X 的规则交替 O 字绕的绕法。N 是指细线在其中一根主线上做 N 圈 O 字绕，X 是指连带另一根主线做 X 圈 O 字绕，再回到原来的主线继续做 N 圈 O 字绕。如图 O3 中的 9+2，教程中还会用到 3+2、4+1。

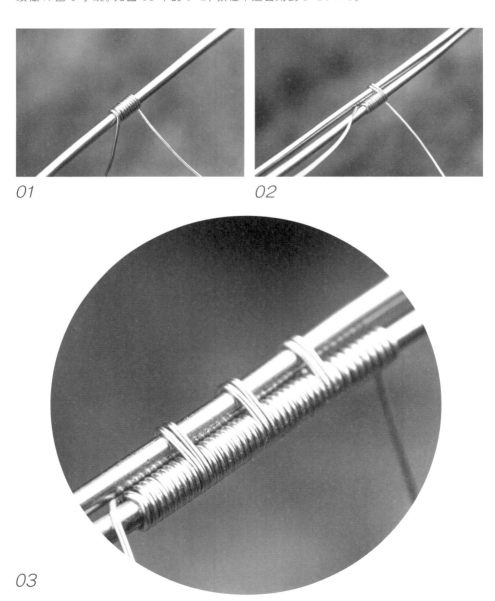

01

02

03

04 多层叠绕

多根主线并排放置，细线在多根主线之间叠加 0 字绕的绕法。

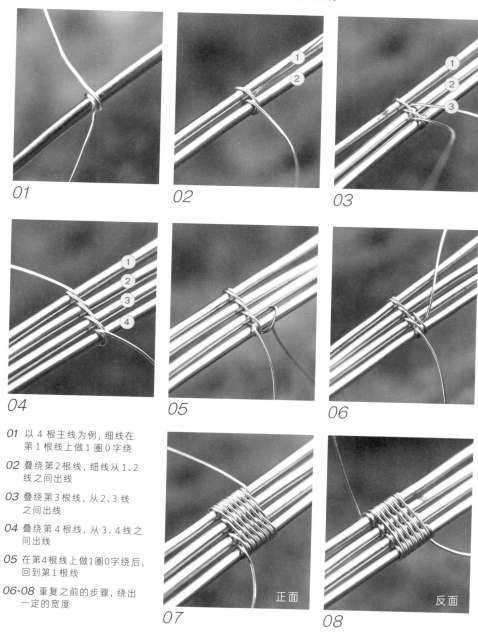

01

02

03

04

05

06

正面

反面

07

08

01 以 4 根主线为例，细线在
第 1 根线上做 1 圈 0 字绕

02 叠绕第 2 根线，细线从 1、2
线之间出线

03 叠绕第 3 根线，从 2、3 线
之间出线

04 叠绕第 4 根线，从 3、4 线之
间出线

05 在第4根线上做1圈0字绕后，
回到第 1 根线

06-08 重复之前的步骤，绕出
一定的宽度

○5 紧卷收尾

紧卷收尾也叫蚊香盘,可以用于制作耳夹和尾线收尾。

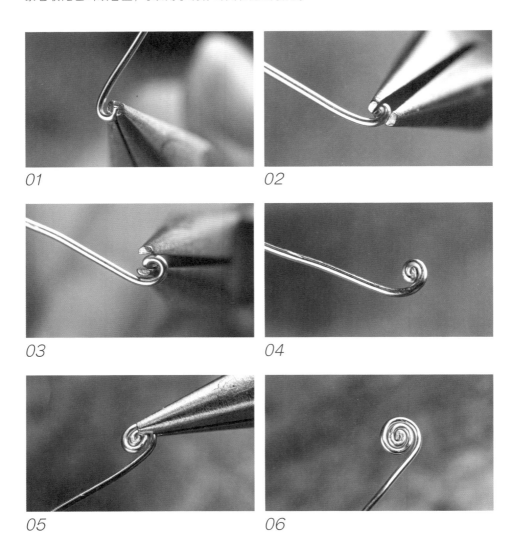

01

02

03

04

05

06

01 用尖嘴钳夹住一点尾线,卷起来
02 夹紧小卷,向上卷
03 夹住前面卷好的卷,继续向上卷

04 卷紧,卷出数圈
05 可以用钳子平夹向前卷
06 卷到合适的大小

O6 夹镶

做一个和石头差不多大小的上框，尾线做成比石头小的下框，上下两个框架将石头夹起来的一种包石头方法。夹镶多用于固定素面石头，或小型的刻面石头，具体教程见《夹镶月光石吊坠》P74。

O7 压镶

用比石头大一点的闭口圈，通过缠绕将闭口圈和底部结构拼合，从而压住石头的一种包石头方法，具体教程见《压镶石榴石连接件》P80。

08 划线盘

细线按照一定规律重复交叉，将石头压边固定的一种包石头方法，具体教程见《划线盘锆石耳钩》P86。

09 爪镶

用线材做成类似金工镶嵌的爪子，扣住石头固定的一种包石头方法，具体教程见《爪镶托帕石吊坠》P94。

无限宝石手链

案例教程

案例教程涵盖了基础的绕线技法，包括吊坠、耳坠、手链、戒指、连接配件的制作和基础造型，新手玩家需要反复练习，"革命"不是一次就能成功的。基础技法反复训练，能够快速找到窍门，基本功越扎实也越有利于同学们自我创作。高级玩家可参考案例的结构，尝试更多的变化玩出花样。总之，祝同学们玩得开心。

01
字母 A 吊坠

 技能点

O 字绕
紧卷收尾
字母的造型
半孔珍珠的应用

 材料

0.25mm、0.33mm、0.64mm 包金软线

2.5mm 包金珠

4mm 半孔珍珠

瓜子扣

 工具

圆嘴钳
尖嘴钳
剪钳

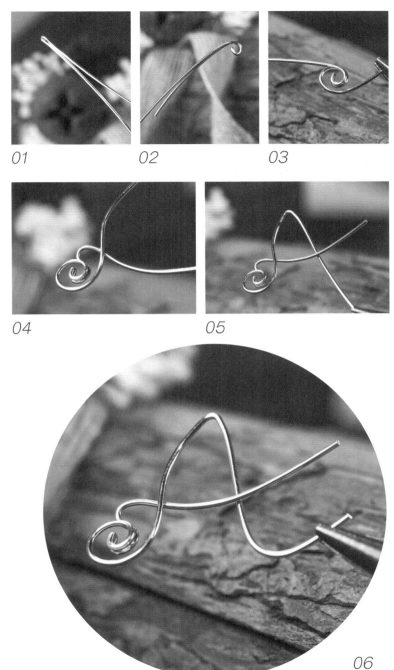

01 02 03

04 05

01
取 一 段 15cm 的 0.64mm 线，
在 4cm 处对折

02
在对折处用圆嘴钳弯折一个双线
9 字

03
长线绕 9 字转动

04
短线用圆嘴钳向后弯曲

05
长线用尖嘴钳折出 A 字的顶角

06
弯曲尾线，调整形状，剪掉余线

06

07

08

09

10

11

07

再取一段 6cm 的 0.64mm 线，弯一个 9 字

08

贴紧 A 字的左边，将两根主线用一段 50cm 的 0.25mm 细线缠绕固定

09

缠绕到弯曲的位置

10

粗线尾线向上折，留一定长度，剪掉余线

11

细线缠绕在 A 字主线的短线上，加一颗包金珠装饰收尾，剪掉细线余线

12

13

14

15

12
右边的主线穿 4 颗包金珠，短线在 A 字上缠绕固定

13
余线紧卷收尾

14
用 35cm 左右的 0.33mm 线缠绕剩余主线，加一颗包金珠收尾

15
用胶水粘一颗半孔珍珠在左边余线上，穿好瓜子扣

16
装上链子，完成

16

02
圣诞圆环吊坠

 技能点

0 字绕
多层 0 字绕
圆形的造型
配件的应用

 材料

0.25mm、0.33mm、0.41mm、0.71mm
包金软线
5mm 酒红色丝带
2.5mm 包金珠
小星星锆石配件
吊坠扣

 工具

圆嘴钳
尖嘴钳
剪钳
戒指棒

01

02

03

01
取一段 12cm 的 0.71mm 线，
在戒指棒的最小圈口做一个圆圈，接
口处短线在长线上绕圈固定

02
再取一段 35cm 的 0.41mm 线为主
线，用 200cm 的 0.25mm 线在主线
上做 0 字绕，绕出十几厘米
的螺纹线

03
螺纹线在主圈上做 0 字绕

04
绕满整个圆圈

04

05

06

07

08

05
取一段 50cm 的 0.33mm 线, 加绕在螺纹线之间的空隙里

06
绕满整个圆圈, 比单层 0 字绕更有层次

07
将丝带交叉

08
用 0.25mm 线固定, 修剪蝴蝶结的形状

09

10

11

12

09
点缀两颗包金珠

10
将蝴蝶结在主圈的接口位置
缠紧固定，遮住接口

11
余线穿一颗小星星的配件

12
将 0.71mm 的主线弯出 9 字收
尾，加上吊坠扣，完成

O3
皇冠珍珠戒指

 技能点

O 字绕
闭口戒指的练习
曲线的造型
配件的应用

 材料

0.25mm、0.81mm 包金软线
2mm 包金珠
2.5mm 通孔珍珠
水滴形配件

 工具

六段钳
圆嘴钳
剪钳

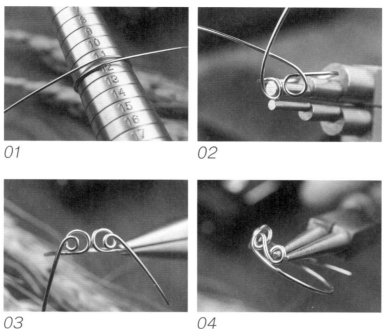

01

02

03

04

01
取一段 12cm 的 0.81mm 线为主线，在戒指棒上绕出合适的戒圈

02
用六段钳的粗一段，在戒圈的接口处分别向左向右绕出一圈

03
用圆嘴钳的尖端分别做一个小圈

04
用圆嘴钳做收尾的小圈

05
取一段 15cm 的 0.25mm 细线，将水滴形配件和戒圈接口位置连接，在两段弧线上按规律缠绕固定，根据配件可自由发挥

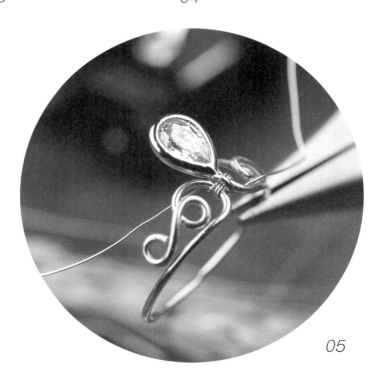

05

06

07

08

09

06
底部中间穿一颗珍珠装饰, 收尾

07
另取一段 40cm 的 0.25mm 线,
加一颗包金珠点缀

08
细线在戒圈及造型主体上做 O
字绕, 增加层次并加固

09
对称缠绕, 完成

04
锆石手链连接扣

 技能点

8 字绕
紧卷收尾
珍珠串链的打结
收尾

 材料

0.25mm、0.64mm 包金软线
2mm、3mm 包金珠
4mm 包金闭口圈
锆石吊坠配件
珍珠线

 工具

六段钳
尖嘴钳
剪钳
剪刀

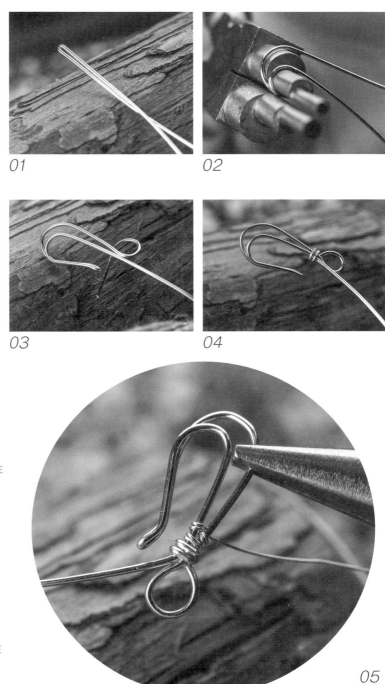

01
取一段 15cm 的 0.64mm 线，在 2/5 处对折

02
用六段钳的细二段和细三段弯出两个不同大小的弧度

03
短线做一个 9 字

04
余线在主体上缠紧收尾

05
取一段 50cm 的 0.25mm 线，在两线之间做 8 字绕

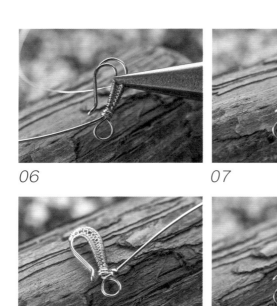

06

07

08

09

10

06
做 8 字绕的过程中注意推紧线圈，
线圈排列紧密才好看

07
到弧度较大的地方，外圈可以多绕
几圈平衡

08
长线穿一颗 2mm 包金珠

09
在主体上绕两圈

10
剪掉余线，紧卷收尾

11
开口圈连接锆石吊坠配件，接入
主线的 9 字部位

12
取一条珍珠线，交叉穿在配件上，
穿 3mm 包金珠和珍珠

13
收尾部分先穿一颗 3mm 包金珠，
再穿一个闭口圈，然后将线穿回
包金珠

14
用力拉紧

15
打几个死结，将线头藏进包金珠，
完成

11

12

13

14

15

05

复古珍珠耳钉

 技能点

N+X
珠链围边
闭口圈的应用

 材料

0.25mm 包金软线
1.5mm 包金珠珠链
10mm 包金闭口圈
8mm—8.5mm 半孔馒头珍珠
包金耳针

 工具

尖嘴钳
剪钳
AB 珠宝胶
牙签

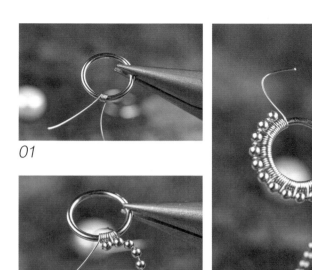

01

02

03

04

01

取一段 50cm 的 0.25mm 线在闭口圈上缠绕 3—4 圈

02

加上 1.5mm 珠珠链，做 4+1 缠绕，每个 1 都在卡在珠与珠之间

03

过程中将缠绕的线圈推紧

04

缠绕完成以后剪掉余线及多余的珠珠链

05

06

07

08

05
完成两个闭口圈

06
珍珠背面和闭口圈内圈对齐

07
将 AB 珠宝胶混合均匀

08
用牙签将胶水均匀涂在闭口圈
内圈

09

09
轻轻放在珍珠背面，珍珠下面
可以用 2 个 6mm 闭口圈垫底，
保持平衡

10
将耳针一起粘好

11
静置 24 小时，胶水干透，完成

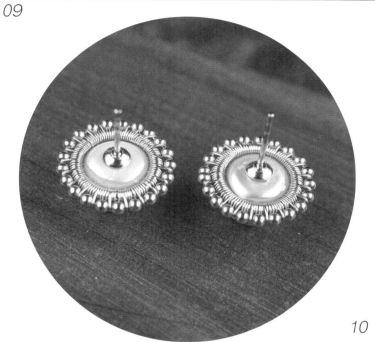

10

11

O6
甜甜圈戒指

01
取一段 15cm 的 0.51mm 包金
批花线，前端做一个比闭口圈稍
大的半圆，在闭口圈和主线上做
3+2 绕

02
连接第二个闭口圈，继续做 3+2 绕

03
过程中注意调整，可以用尖嘴钳
推紧线圈

04
根据圈口做出需要的长度，一般
10 个闭口圈可以做 10 号的戒指

05
利用戒指棒，弯曲出戒指的圈口

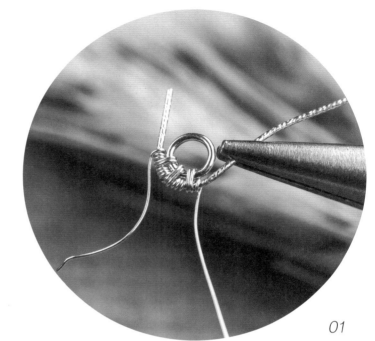

01

02   *03*

04   *05*

06

07

08

09

06
尾端弯 9 字，穿一颗爪钻

07
另一端相同

08
用 0.25mm 细线穿包金珠装饰

09
调整形态，完成

进阶示例

灵活运用闭口圈，能够在简单结构的基础上进行自由组合，同学们可以尝试开发闭口圈的多种玩法。

07
夹镶月光吊坠

 技能点

0 字绕
紧卷收尾
夹镶
曲线的造型

 材料

0.25mm、0.64mm 包金软线
2.5mm、3mm 包金珠
2mm、3mm 通孔珍珠
水滴形素面石头

 工具

圆嘴钳
尖嘴钳
剪钳

01 02 03

04

05

01
取一段 15cm 的 0.64mm 线，
从中间对折

02
紧贴石头表面绕一圈

03
在交叉处用尖嘴钳将尾线向下弯
曲，固定成水滴形的上框，大小
刚好卡住石头

04
用 0.25mm 细线缠紧尾线，缠
绕的厚度与石头厚度差不多，剪
掉细线

05
尾线向左右两边折

06
再弯曲一个水滴形下框，下框要
比上框略小一点

06

07

08

09

10

07
放入石头,在石头尖的对应位置,
把下框的两根尾线略折一下

08
取一段 30cm 的 0.25mm 线,
连接固定上下两框

09
将细线拉紧

10
细线对穿 (左线右线相对各穿过
一次) 一颗 2.5mm 包金珠

11
分别在侧面上框主线上绕两圈

12
在主体背后交叉,分别穿一颗
2mm 的珍珠,再对穿包金珠

13
用圆嘴钳将粗线尾线弯曲出扣头
形状

11

12

13

14

细线在两边的尾线上缠绕一段,对穿一颗 2mm 包金珠

15

重复缠绕,再对穿一颗 2.5mm 包金珠和 3mm 的珍珠,剩下的细线继续缠绕主线

16

主线在侧面绕珍珠一圈后 9 字收尾

17

细线在前面再加 3 颗小珍珠点缀,剪断收尾,完成

14

15

16

17

08
压镶石榴石连接件

 技能点
0 字绕
压镶
闭口圈的应用

 材料
0.25mm 包金软线, 0.51mm 包金半硬线
6mm 包金闭口圈
4mm 正圆形石头

 工具
圆嘴钳
尖嘴钳
剪钳

01
取一段 4cm 的 0.51mm 半硬线,
用圆嘴钳对折

02
用尖嘴钳夹住两根尾线,夹出一
个小圈

03
将两根线分开

04
折出一个菱形

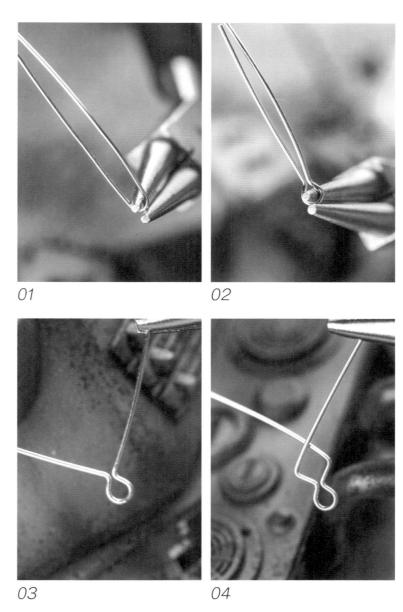

01

02

03

04

05

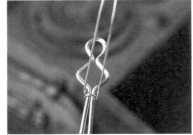

06

07

08

05
尾线平行

06
取一段20cm的0.25mm细线，
细线从其中点（保持细线两边等
长）开始绕在尾线上

07
加上闭口圈，开始缠绕

08
绕满整个闭口圈

09
把石头夹进去,细线在圆圈两边
缠绕固定

10
多缠绕几圈,剪掉余线

11
剩余的 0.51mm 半硬线,剪到
合适长度 9 字收尾

12
正面线圈调整一下,均匀整齐才
好看

13
多做几个就可以连接起来了

14
穿上其他配件,完成

09

10

11

12

13

14

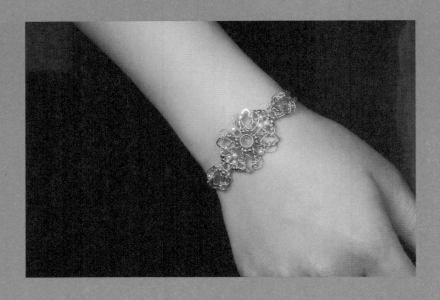

压镶是基础的包石头方法，技能熟练后可以尝试多重结构的复合，结构的叠加和组合会有惊喜。

09
划线盘锆石耳钩

 技能点

N+X
划线盘
一体式耳钩的练习
闭口圈的应用

 材料

0.25mm、0.64mm 包金软线, 0.51mm
包金批花线
1.3mm 圆 O 链, 1.5mm 滚链
2mm 包金珠
3mm 包金开口圈
7mm 尖底锆石

 工具

六段钳
尖嘴钳
剪钳

01
取一段 8cm 的 0.64mm 线在六段钳的粗二段，做一个闭口圈，闭口圈的大小刚好卡住锆石。余下的线留作耳钩线

02
取一段 60cm 的 0.25mm 细线，按 3+2（主线 3，滚链 2）将滚链绕在闭口圈上

03
缠绕整个闭口圈，滚链上会有紧贴闭口圈的横圈和立于闭口圈的竖圈

04
将锆石放好，将细线从中间主线的左边竖圈抽出，从接近对角的竖圈进线

01

02

竖

横

03

出

进

04

05

06

07

05
细线从第一个出线的竖圈旁边的
竖圈出线，再从第一个进线的竖
圈旁边的竖圈进线

06
重复出线、进线

07
可以给竖圈标注号码，1出6进，
2出7进，3出8进，4出9进……

08
将整个锆石固定好

09
全部完成时每一个竖圈内都有
两条线

10
调整锆石表面的线，形成圆形的
台面

11
取一段 15cm 的 0.51mm 批花线，
用余下的细线按 5+2（批花线 5，
滚链 2）和滚链缠绕固定

12
完成一边后，取一段 30cm 的细
线完成另一边

08

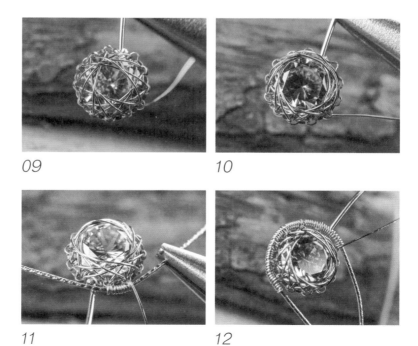

09

10

11

12

13

14

15

13
全部缠绕完毕，注意下方批花线
的收尾处要对准上方耳钩线

14
余线卷 9 字

15
从旁边的空隙抽出来

16

两边抽线注意对称

17

剪掉余线，紧卷收尾

18

用开口圈连接圆 O 链流苏

19

在耳钩线底部粘一颗 2mm 包
金珠，弯好耳钩，打磨线头，
完成

16

17

18

19

进阶示例

划线盘是比较难的包石头方法，新手在进线、出线时非常容易出错，需要多加练习，技能熟练后可以尝试多个部件的组合。

10
爪镶托帕石吊坠

★ **技能点**
紧卷收尾
爪镶

 材料
0.25mm、0.51mm 包金软线
2mm、3mm 包金珠
6mm 方形刻面托帕石

 工具
圆嘴钳
尖嘴钳
剪钳

01
取 2 段 12cm 的 0.51mm 线

02
从中点对折, 做一个爪子出来, 爪子长度大约在石头高度的 1.5 倍

03
间隔3mm—4mm 做第二个爪子, 另一条线同做这两步

04
调整两根主线的爪子, 爪子的间距、长度需一致, 过程中可将石头放上去对比, 调整爪子的形态

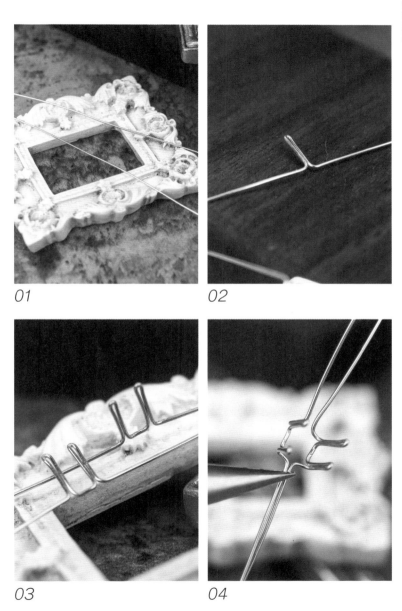

01

02

03

04

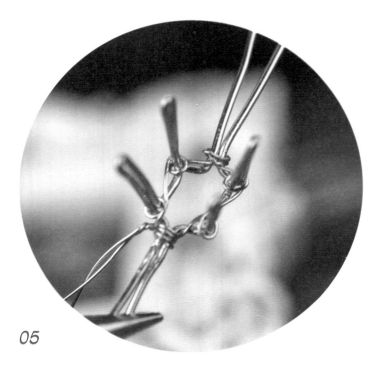

05
取一段 12cm 的 0.25mm 线，
缠绕固定每个爪子及两根主线
的连接处

06
其中一边的两根主线交叉向中
间折

07
另一边按照同样的方法交叉

08
每根主线向内绕其最近的爪子
一圈

09
四根线做法相同

06

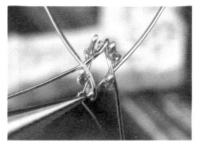

07

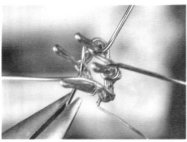

08

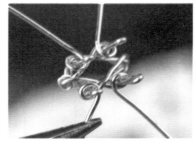

09

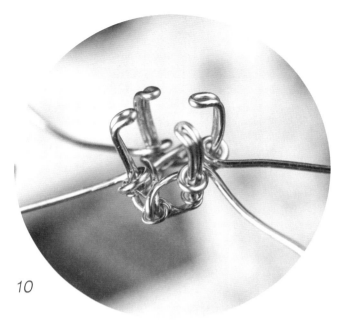

10

10
用尖嘴钳将四个爪子折出角度

11
将石头从爪子的中心点摁进去，
注意调整爪子的形状

12
剪掉其中一边的两根主线，在主
体上用细线缠一圈包金珠装饰

13
另一边的两根主线，先交叉拧麻
花稍做固定，然后做出扣头的形
状，紧卷收尾，完成

11

12

13

进阶示例

爪镶是比较难的技能点，尤其是爪子的高度不易把握，新手玩家需要多练习哦！技能熟练后可尝试更多变体。

11
心形蕾丝手链

 技能点

多层叠绕
曲线的造型
配件的应用

 材料

0.25mm、0.41mm、0.64mm 包金软线
1.68mm 圆 O 链
2mm、3mm 包金珠
2.5mm 通孔珍珠
锆石配件
5mm 弹簧扣

 工具

圆嘴钳
尖嘴钳
剪钳

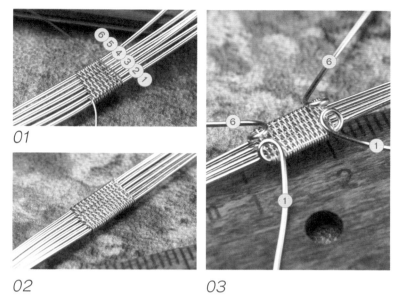

01

02

03

01
将 6 条（从右至左分别 1 2 3 4 5 6）
12cm 的 0.64mm 主线，用 60cm
左右的 0.25mm 细线并排多层叠绕

02
缠绕出 8mm—9mm 的宽度

03
线 1 和线 6 向内弯 9 字

04
用一段 12cm 的 0.25mm 线，将
锆石配件和 4 个 9 字固定在一起

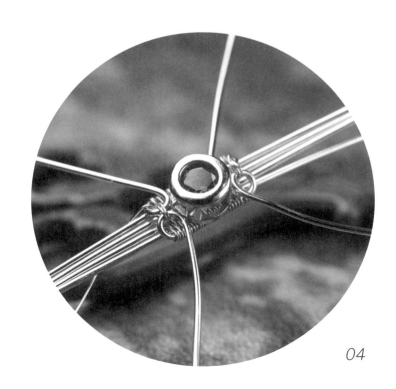

04

05

06

07

08

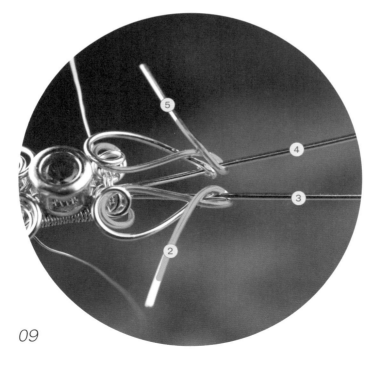

09

05
线 2 和线 5（绿线）压住线 1 和线 6
向外弯曲

06
线 1 和线 6（红线）继续弯曲

07
线 1 和线 6（红线）在线 3 和线 4
上 9 字收尾

08
完成两边，注意对称

09
线 2 和线 5（绿线）按图弯曲

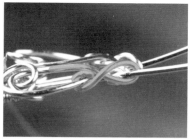

10

11

10
继续弯曲，9 字收尾

11
中间用细线穿包金珠和珍珠装饰

12
锆石配件两端装包金珠点缀

13
线 3 和线 4 按图弯曲

13

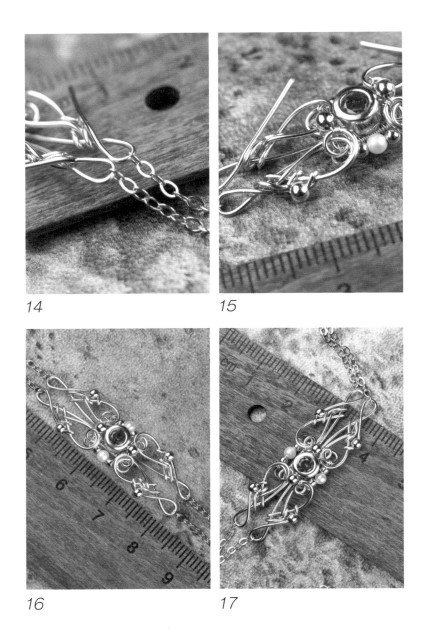

14

15

16

17

14
装上链子

15
穿一颗包金珠装饰，9 字收尾

16
四边按照同样的方法收尾

17
用 0.41mm 线做 8 字连接扣
连接弹簧扣和延长链，完成

12
桃心蓝晶石耳坠

 技能点

8 字绕
夹镶
心形的造型
曲线的造型
多层结构的叠加

 材料

0.25mm、0.64mm、0.81mm 包金软
线，0.51mm 包金半硬线

2mm 包金珠

3mm 磨砂包金珠

0.50mm×3mm 包金开口圈

2mm 通孔珍珠

5mm×8mm 素面水滴蓝晶石

3mm 锆石配件

4mm 锆石耳钉配件

10mm 麻花直管配件

 工具 六段钳、圆嘴钳、尖嘴钳、剪钳、剪刀、铁砧、锤子

01

取一段7cm的0.81mm 线，中点
处对折90°

02

在两边的中点处，用六段钳粗
二段分别弯出两个圈

03

完成两个，注意对称

04

用圆嘴钳反方向弯出一个小圈

05

左右两边相同，注意对称

06

剪掉余线，石头放进去比对一
下，调整心形外框的形状和大
小，上下缝隙不要太大

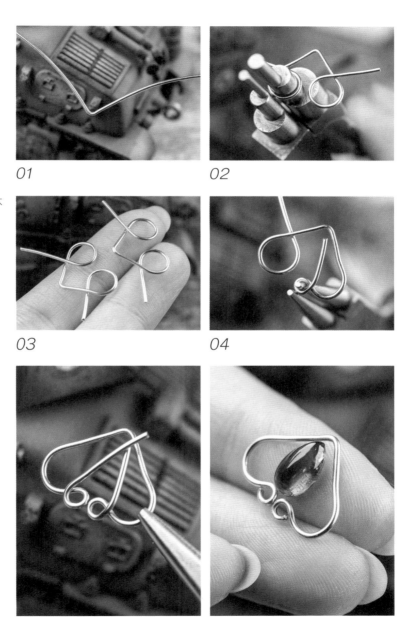

01

02

03

04

05

06

07

08

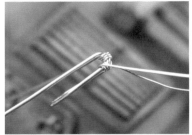

09

10

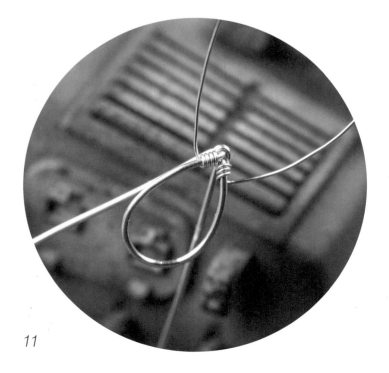

11

07
完成两个心形，可以叠在一起比对大小、形状是否相同

08
用锤子砸扁心形的两边

09
取一段 12cm 的 0.51mm 半硬线，弯曲出石头的轮廓

10
交叉处向后弯折，做出夹镶的上框。取一段 100cm 的 0.25mm 线，在交叉处从细线的中点开始缠绕

11
固定主线后，细线的两头分别在上框的左右两边缠绕

12

13

12
整个水滴绕满,背后的两根尾线折成菱形下框

13
放入石头,剩余细线固定在下框上

14
将夹镶好的石头组件放进心形外框中,细线从两个小圈抽出

15
对穿一颗 2mm 的珍珠,再把细线穿回小圈

14

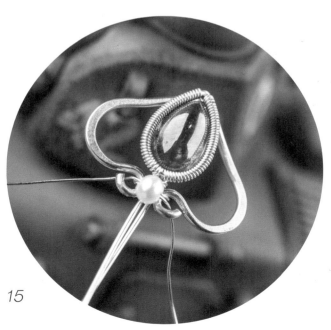

15

16　　　　17　　　　18

19

16
细线在外框和石头背面的菱形
下框上做 8 字绕，内 1 外 5，在
弧度较大的地方可适当调整，
过程中注意推紧线圈

17
左右两边同时操作，防止一边
用力过猛导致变形

18
正面效果

19
缠绕完成的两个心形，正反两
面，细线尾线保留

20
取一段 10cm 的 0.64mm 线，
在中点处弯折

21
折角对准心形部件底部尖头
位置

20　　　　　21

22

沿下层心形外框内圈做出上层心形

23

用六段钳、圆嘴钳配合弯出心形轮廓

24

用锤子砸扁两边

25

另取一段 60cm 的 0.25mm 线固定下层心形底下的两个小圈和上层心形，心形尖头用之前的细线尾线固定

26

用圆嘴钳将上层心形的 0.64mm 尾线向外弯出一个圈

27

压住下层心形的 0.51mm 尾线，用六段钳粗一段将 0.64mm 尾线向内弯出一个圈

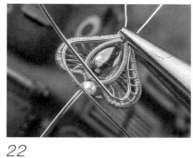

22

23

24

25

26

27

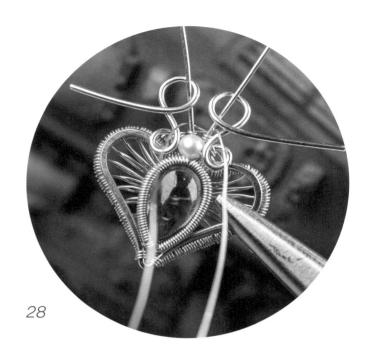

28

28
左右两边同时操作，注意对称

29
两根细线对穿一个 3mm 磨
砂包金珠，固定在 0.64mm
尾线上

30
下层心形的 0.51mm 尾线用圆
嘴钳向外弯出两个小圈

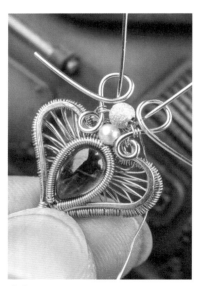

29

30

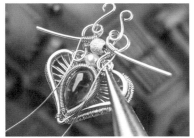

31

32

31
留出一定距离再向外弯出两个小圈,剪掉余线

32
两根细线的尾线向内收,缠绕在 0.64mm 尾线上

33
0.64mm 尾线向内弯,用细线在 0.64mm 尾线和 0.51mm 尾线之间做 8 字绕,内 2 外 6

34
缠绕完以后,0.64mm 尾线在 0.51mm 尾线上做 9 字,收尾

35
左右两边相同

33

34

35

36

细线的尾线穿一颗 2mm 包金珠，固定在 0.51mm 尾线的两个小圈上，收尾

37

用两个 0.50mm×3mm 的开口圈连接锆石配件

38

用 0.64mm 线和麻花直管做两个不同方向开口的连接件

39

装上 4mm 锆石耳钉配件，完成

36

37

38

39

最后一个教程叠加了多层结构，有一定的难度，对单个结构足够熟悉后，多层结构叠加能有更多的组合和变体，设计和创造的乐趣也在于此。同学们可以多做尝试，创造属于你们自己的款式吧。

图书在版编目（CIP）数据

纸蔷薇的绕线首饰基础教程 / 纸蔷薇著 . -- 上海：
同济大学出版社，2020.10（2024.7 重印）
（小造 · 物）
ISBN 978-7-5608-9482-9

Ⅰ.①纸… Ⅱ.①纸… Ⅲ.①首饰 - 制作 Ⅳ.
① TS934.3

中国版本图书馆 CIP 数据核字（2020）第 179620 号

纸蔷薇的绕线首饰基础教程

纸蔷薇 著 黑猫 摄

出 品 人：华春荣
策划编辑：周原田
责任编辑：朱笑黎
执行编辑：周原田
责任校对：徐春莲
装帧设计：刘青

出版发行：同济大学出版社
地址：上海市杨浦区四平路1239号
电话：021- 65985622
邮政编码：200092
网址：http://www.tongjipress.com.cn
经销：全国各地新华书店

印刷：上海安枫印务有限公司
开本：720mmx1000mm 16 开
字数：165 000
印张：8.25
版次：2020 年10 月第 1 版
印次：2024 年 7 月第 5 次印刷
书号：ISBN 978-7-5608-9482-9
定价：79.80 元